农民培训教材

总主编：马冬君

智慧农业与智能养殖
简明本

辛　蕊　张海滨　编著

中国农业出版社

北　京

图书在版编目（CIP）数据

智慧农业与智能养殖简明本 / 辛蕊，张海滨编著
.—北京：中国农业出版社，2024.6
ISBN 978-7-109-31895-3

Ⅰ.①智⋯　Ⅱ.①辛⋯ ②张⋯　Ⅲ.①智能技术—应
用—农业技术 ②智能技术—应用—养殖管理　Ⅳ.①S126
②S815-39

中国国家版本馆CIP数据核字(2024)第075893号

中国农业出版社出版
地址：北京市朝阳区麦子店街18号楼
邮编：100125
责任编辑：闫保荣
版式设计：小荷博睿　　责任校对：吴丽婷
印刷：中农印务有限公司
版次：2024年6月第1版
印次：2024年6月北京第1次印刷
发行：新华书店北京发行所
开本：787mm×1092mm　1/24
印张：4.75
字数：50千字
定价：58.00元

F 前 言
Foreword

百姓生活离不开农业和畜牧业。

近年来，在国家的大力支持下，科技得到迅猛发展，数字化、智能化等高科技手段越来越多地被应用于农业和畜牧业之中。我国是人口大国，粮食和畜产品消费量大，而且人多地少，因此，农业和畜牧业需要提升效率和产能。当前，我国传统农业和畜牧业从业者年龄偏大，经营方式也无法吸引年轻人，想要转变农业和畜牧业生产方式、把年轻人留住，智能化转型升级是必然之路。

发展智慧农业和智能养殖，离不开探索、布局和创新。目前，我国不少省份都开展了智慧农业和智能养殖的大胆尝试，并取得了良好效果，涉及的作物和畜禽种类也较多。我们总结多年工作经验，编写了《智慧农业与智能养殖简明本》一书，希望能够为广大读者了解智慧农业与智能养殖提供帮助。

2023 年 7 月

C目 录
ontents

前言

1

第一章

智慧农业

一、农业的四个跨度

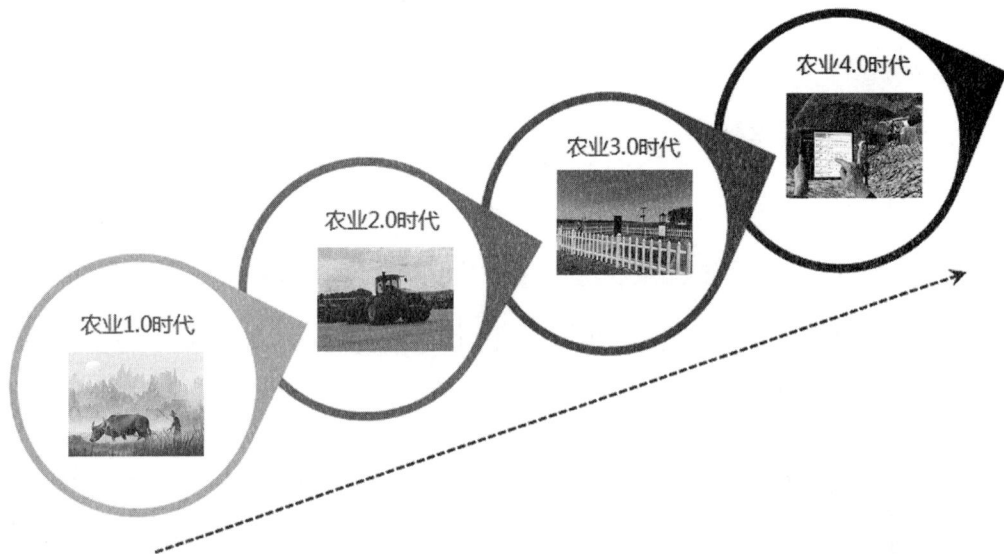

（一）农业1.0时代：人拉肩扛

农业1.0时代是古老农业社会的产物，是以体力劳动为主的小农经济时代。这种传统农业以人力和畜力为主，通过人拉肩扛种地，或者耕牛种地。在农业1.0时代几千年漫长的发展过程中，人们开发土地资源最重要的劳动工具都是一些简单的手工工具和畜力，比如木头犁等。这些古老的农具对人类体力劳动的缓解程度有限，不能从根本上把人从繁重的体力劳动中解放出来。纵观人类社会的发展，尽管生产工具从早期的石器、青铜器发展到后来的铁器，但从整体来讲，在农业社会，生产工具仍然是初级的工具，它们仅仅是人体局部功能的有限延伸。

农业1.0时代主要依靠农民的经验来判断农时，并利用简单的工具和畜力来耕种，以一家一户为单元进行农业生产，其生产规模较小，农业生产技术和农业经营管理水平较为落后，抗御自然灾害的能力自然较差。虽然农业1.0时代的农业生态系统效率较低、商品经济属性比较薄弱，但传统农业技术及农耕文化的精华在农业生产方面却产生了强烈而积极的影响。尽管这一时期的小农体制逐渐制约了生产力的发展，但它却为农业产业化奠定了重要基础。在改革开放10年以后，中国的农业1.0时代就逐步结束了。

（二）农业2.0时代：机器种地

农业2.0时代是隆隆作响的机械化农业时代。在18世纪末，蒸汽机发明及改进以后，人们逐渐发现：凡是力气活，蒸汽机都能干。所以，人们的生产工具从手工工具逐步替换成了机器工具。由此，人类社会的生产工具得到了革命性的发展，发明和使用了以能量转换工具为特征的新的劳动工具。机器代替手工工具，标志着工业社会的开始。同时，机械的农业工具不断出现，收割机、脱粒机、轧花机纷纷来到了田间地头，过去几十匹马都无法拉动的犁铧，在蒸汽机的带动下，将千里荒野开垦成了沃土，大大地改善了"面朝黄土背朝天"的状况，由此，农业也从1.0时代跨入了2.0时代。

农业2.0时代是以"农场"为标志的大规模农业，是以机械化生产为主、适度经营的"种植养殖大户"时代，它运用先进适用的输入性动力农业机械代替人力、畜力生产工具，改善了"面朝黄土背朝天"的农业生产条件，将落后低效的传统生产方式转变为先进高效的大规模生产方式，大幅提高了劳动生产率和农业生产力水平。在中国，农业2.0时代一方面保持了家庭联产承包制的稳定，同时又通过延长产业链，形成了一定的产品规模、产业规模和区域规模，提高了农业的效益。此时，农业提供给市场的已经不是初级的农产品，而是加工后的农副产品或者食品。可以说，农业2.0时代其实就是"第一产业+第二产业"融合的时代。

（三）农业3.0时代：信息时代

农业3.0时代是高速发展的自动化、信息化农业时代。随着计算机、电子通信等现代技术和自动化装备在农业中的应用逐渐增多，农业步入了3.0时代。它是以现代信息技术的应用和局部生产作业自动化、智能化为主要特征的。中国通过加强农村广播电视网、电信网和计算机网等信息基础设施的建设，充分开发和利用信息资源，构建信息服务体系，促进信息交流和知识共享，使现代信息技术和智能农业装备在农业生产、经营、管理、服务等各方面实现应用和普及。

与农业 2.0 时代相比，农业 3.0 时代的自动化程度更高，资源利用率、土地产出率、劳动生产率更高。在此基础上，农业 3.0 时代产出的主要是优美的乡村环境和可靠放心的农产品。政府不仅取消了存在了几千年的农业税，而且直接利用财政资金改善了农村的道路、水电、村容村貌等硬件环境，全国范围内的知名新农村、新社区、美丽乡村、五星级农家乐、休闲农业示范点、乡村旅游名村等如雨后春笋般崛起。农业 3.0 时代追求的是经营模式的"新"。可以说，农业 3.0 时代是"第一产业+第三产业"融合的主流时代。从中国的情况来看，在农业 3.0 时代，农业互联网、农业电子商务、农业信息服务均取得了重大进展。

（四）农业4.0时代：智慧农业

农业4.0时代是以无人化为主要特征的智能农业时代。21世纪后期，随着人工智能和机器人技术的发展，劳动工具更加智能化，而智能化工具在农业领域的应用催生了农业4.0，最典型的特征是高速发展的智能化和无人化农业，这也是农业3.0时代和4.0时代的最主要区别。农业4.0时代是资源软整合的农业，在互联网时代，农业通过网络、信息等进行整合，增加了资源的技术含量，提升了农业生产效率和质量，在物联网、大数据、云计算、人工智能和机器人基础之上形成了智慧农业，它是现代农业的最高阶段。

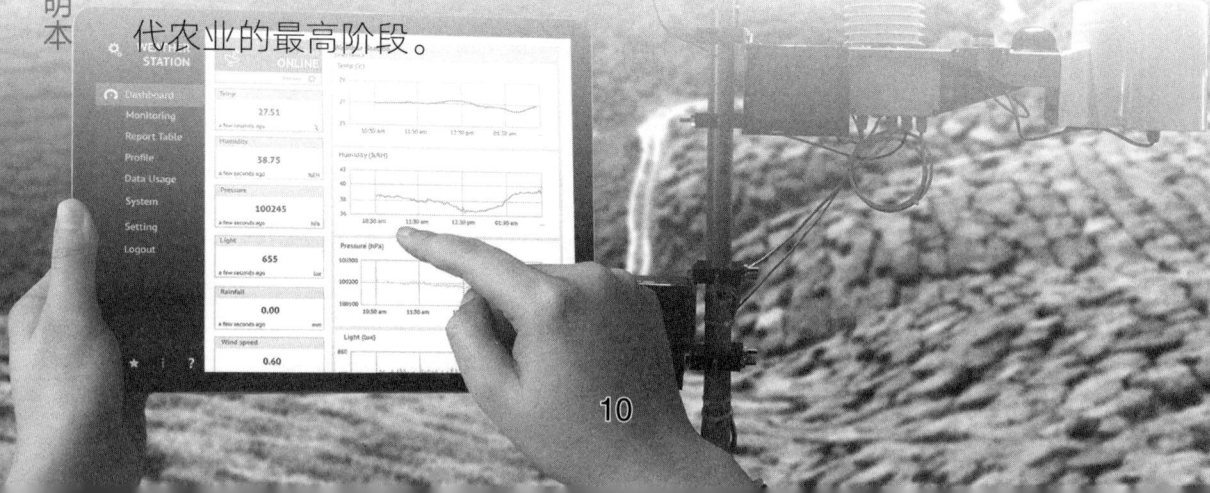

可以这样说：农业4.0时代的具体表征就是智慧农业的普及和广泛应用，智慧农业是农业4.0时代的具体表现形式，是一个个智慧农业的集合，完成了农业3.0时代到4.0时代的转变。农业4.0时代是现代农业的最高阶段，其中，现代信息技术的应用不仅仅体现在农业生产过程，它还会渗透到农业经营、管理及服务等农业产业链的各个环节，是整个农业产业链的智能化、无人化，农业生产与经营活动的全过程都将由信息流把控，形成高度融合、产业化和低成本化的新的农业形态，是现代农业的转型升级。

二、精准农业

精准农业属于农业3.0时代，也叫精确农业或精细农作。它是以信息技术为支撑，实施一整套现代化农事操作和管理的系统，是信息技术与农业生产全面结合的一种新型农业，是高科技的农业应用系统。以色列的精准农业在全世界都较为发达。以色列位于西亚地区，处于亚、欧、非三大洲交界地带，气候干旱且水资源非常缺乏，本来国土面积就不大，又有一半是沙漠。在这种极度干旱少水的自然条件下，以色列人把精准农业发展到了极致。

20世纪60年代，以色列在"让沙漠开满鲜花"政策的指导下，建成了全世界最早的现代滴灌系统，它是通过管道向土壤经常地、缓慢地滴入已过滤的水分、肥料或其他化学剂等，使作物主要根区土壤保持最优含水状况，是一种先进的灌溉方法。滴灌技术比地面灌溉省水30%～50%，有些作物可达80%左右，比喷灌省水10%～20%，节水节能，同时，减少杂草生长。水肥一体，使肥料流失最小化。此外滴灌便于自动控制，节省劳动力，省力又方便。滴灌技术可有效控制每个滴头的出水量，灌水的均匀度高，还方便通过阀门和滴头进行调节。滴灌几乎可以适应任何复杂地形，甚至在乱石滩上种树也可以滴灌，它既能适应入渗率低的黏性土壤，又能避免透水性大的砂性土壤发生严重渗漏。在滴灌的农田中，田块大部分地面都是干燥的，便于开展其他农事操作。

以色列农业分工之细、各个领域研究之透彻、高科技对农业的介入之深，都是世界领先的。以色列还发明了电脑微灌技术，给农业滴灌赋予了新的理念。整个计算机系统靠太阳能驱动，由农业专家根据气象条件、土壤含水量、农作物需水量等参数编好程序，利用塑料管道灌水系统密封输水，适时、适量、缓慢、均匀地把含有肥、药的水送到植物根系或喷洒在茎叶上。从管道到阀门，关键部件全部实现远程控制，实现了农业种植的精准性。

　　以色列将大量科技应用于滴灌当中。以一个深埋地下的喷嘴为例，它由电脑控制，依据传感器传回的土壤数据来控制浇水量。为了防止作物根系堵塞喷嘴，喷嘴周围精确涂抹了专门药剂，仅抑制喷嘴周边一个极小范围内的根系生长。为了防止不喷水时土壤自然陷落堵塞喷嘴，在喷水系统中平行布置了一个充气系统，灌溉完毕后即刻充气防堵。为了防止水中较多杂质堵塞喷嘴，还在管线中安装了过滤阀门。管线中的装置还可以产生涡流，排出残沙，有效防止滴头受堵。

三、数字农业

数字农业与精准农业一样，同属于农业 3.0 时代。数字农业是把遥感、地理信息系统、计算机技术、通讯和网络技术、自动化技术等高新技术与地理学、农学、生态学、植物生理学、土壤学等基础学科有机地结合起来，在农业生产过程中实现对农作物、土壤等环境因素从宏观到微观的实时监测，进而对农作物生长发育状况、病虫害、水肥条件以及周围环境等进行定期的信息获取，生成动态空间信息系统。数字农业的最终目的是合理利用农业资源，降低生产成本，改善生态环境，提升农作物产量和质量，提高收入。

　　山东省淄博市沂源县作为国家级"互联网＋"农产品出村进城试点县，正趁着国家深耕农业"热土"的时机，引进数字农业技术，瞄准山东生态高地，以技术为先导，为数字农业开辟新赛道，也成为山东省打造"全国数字农业农村中心城市"的高效试验田，让数字产业成为山东省乡村振兴的有力支撑。

　　沂源县土质好、地势高、光照强、昼夜温差大，具有发展绿色无公害果蔬得天独厚的条件，是全国果品生产百强县、无公害果品生产示范基地县、绿色食品红富士苹果标准化生产基地县。沂源苹果色泽鲜艳、清脆香甜，作为当地特产，沂源苹果被评为中国地理标志产品。长期以来，农户用传统方式种植苹果，由于质量参差不齐，价格仅一斤一两块钱。想要提高苹果质量，提升苹果价格，就要让苹果的大小、硬度、颜色、甜度等指标达到高品质水平，就要改变种植模式，让果园变成标准化种植园，再把苹果分类筛选，分级定价，让好东西卖出好价钱。

沂源县积极引入数字农业理念，与农业科技公司合作，建设了 2 800 亩*高科技果园。在果园中建设了肥料传感器、温湿度传感器、pH 传感器等，将苹果园的数据采集到云端进行分析。所有种植户种植的苹果，其糖度、硬度等指标均在规定值范围内，而且产量比原来提高 30%左右。产出的苹果送往数字工厂，每个苹果在经过智能化的分拣机器时，就能按大小、糖度、果型等指标自动划分为不同等级。不同等级的苹果，价格差高达 5 倍。在数字化管理的果园中，优质果一般能占 70%左右；而在传统型果园中，优质果仅能占到 30%～40%。再加上不同等级的苹果按不同价格出售，这样一算，数字型果园的收益远高于传统型果园。

————————————

　　* 　1 亩 = 1/15 公顷。

数字型果园引入了欧洲脱毒苗木，采用矮砧宽行密植栽培和网室保护性栽培结合的方式，全程机械化种植，并引入了水肥一体化、农业物联网等先进理念，专攻果园标准化集成应用和示范推广。通过对苹果种植全链条的技术整合和流程重构，沂源县打造了中国首个生态无人智慧果园。园区内的农事生产可以通过无线指令，实现智能水肥控制、安全预警、流向追踪、信息查询等数字化、信息化管理服务，使园区内人、物、信息能够全面感知和互联互通，"让天下没有难种的果园，让农民成为年轻人向往的职业"成为现实。

沂源县还引入了"农业+智能化+新能源+物联网"智慧型香菇产业。走进智慧工厂，自动搅拌、自动装袋、智能灭菌、自动接种、自动刺孔、自动脱袋、自动码垛等环节实现了一幅现代农业智慧工厂的场景，颠覆了人们对传统农业生产的认知。香菇产业基地还引进物联网大数据云平台，运用数字化技术提升产品品质。基地运用物联网、大数据、人工智能、云计算等信息技术，依托各种传感器和5G通信网络，对资源进行优化整合，实现了研发育种、生产加工、检测检验、储运物流、市场销售等全产业链的智能化决策与智慧化生产深度融合，解决了生产工序智慧联动效率低、产品质量追溯难等问题，也带动了周边农户增收。

近年来，山东省淄博市沂源县立足山区农业县的实际，围绕"种得好、销路畅、收益高"目标，积极链接高端要素，探索出一条数字化赋能山区农业农村现代化的新路径，并取得了显著成效。沂源县重点围绕数字赋能果业振兴和乡村治理，启动建设数字农业农村示范应用场景17处，其中5处纳入了市级重点项目，香菇菌棒数字化工厂加工、无人生态智慧果园、"产地仓"、富锶苹果、数字果园、肉鸡智能养殖、智慧小镇、智慧果园、溯源数字展厅、生态养殖、数字牧场等项目均发挥了很好的示范引领作用，推动了沂源县乡村振兴事业大力发展。

四、智慧农业

自动化、智能化装备在农业产业链中渗透一个或多个环节的农业形式是数字农业或精准农业，渗透全过程、全产业链的农业形式是智慧农业。目前，我国农业正在由2.0时代向3.0时代过渡，也就是由一般农业装备向信息化、自动化的智能农业装备过渡，并已经开始了农业4.0时代，即无人化智慧农业的探索。由于对无人化程度的理解不同，加之智慧农业是未来事物，不少专家也认为，数字农业也是智慧农业的一种表现形式。

智慧农业，通俗地说就是现代科学技术与农业种植相结合，使科技渗透到农业生产的各个环节，让农业变得更"智慧"，变成无人化、自动化、智能化。它是利用农业标准化的方法对农业生产进行统一管理，所有过程均是可控、高效的，是真正无人化作业；提供农业劳动的各个环节与农业生产者之间的信息通过"平台"实现对接，整个过程中的互动性非常强。而且，在智慧农业中，现代科学技术的应用不仅仅体现在农业生产环节，还会渗透到农业经营、管理及服务等农业产业链的各个环节，是整个产业链的智能化，是现代农业的转型升级。

AGROTECHNOLOGY

目前，从全世界范围看，智慧农业还只是小荷才露尖尖角，是某个领域、某个环节、某个局部地点开展的科学实验探索。中国的智慧农业，也处于小规模尝试的进程中。中国的农业尚处于农业2.0时代向3.0时代的过渡时期，预计2050年能够完全实现农业3.0，但智慧农业是中国农业未来竞争的起点，在此阶段开始智慧农业的探索是非常有意义的。

五、发展智慧农业的意义

第一，是出于国家粮食安全的需要。中国是人口大国、工业大国，有限耕地上生产的粮食不仅要满足百姓的食品需求，还要为工业发展提供原料。粮食紧张的供需关系决定了中国在坚守"18亿亩耕地红线"的同时，还要加快推进农业规模化、产业化、科技化。目前我国的农业生产方式依然比较传统，粗放经营导致竞争力不强，农民增收压力加大。再有，扎堆种植时常出现，导致优质农产品卖不出好价格，谷贱伤农的现象时有发生。智慧农业能够运用大数据和反馈机制打通各个环节的信息渠道，高效率地匹配市场供需，使农民及企业有针对性地制定生产计划。

智慧农业能够提升精细化和高效化的作业水平，节约了人力成本、优化了工艺流程、提高了农产品质量；在经营领域内，建立在现代信息技术上的智慧农业不受时空限制，间接促成了农产品产供销一体化的经营模式，使农业企业的品牌化意识不断加强；服务领域内，智慧农业的发展解决了"农业信息最后一公里服务难"的问题，大大提高了决策管理水平。智慧农业推动了农业新业态的发展，无人机植保、农机自动驾驶、农村电子商务的推广，能够更合理地配置整个农业产业链的有限资源，提升农业全产业链的价值。智慧农业的标准化种植、高效能模式、农业全产业链管理等多个层面满足国家粮食安全发展的需要，在国家层面上是实现粮食安全的利器。

第二，是出于资源合理配置的需要。改革开放以来，我国农业发展取得了显著的成绩，粮食产量连年增加。在农业生产过程中，由于不合理使用农药、化肥、地膜等，造成了地面污染、水污染及大气污染，不仅导致农作物减产、农产品品质下降，而且对土壤、水、生物、大气和人体健康都造成了危害。农村的局部生态平衡遭到一定程度的破坏后，会在小的区域范围内造成生态功能失调；地下水资源超采以及过度消耗土壤肥力，会导致生态环境恶化。所以，从环境保护和增产增收这两个角度来说，智慧农业能够帮助我们实现精准施肥、减肥减药、提升农业产能，这也是实现"绿水青山就是金山银山"的必由之路。

生态振兴是美丽乡村建设的重要内容，是人民群众的共同愿景。智慧农业在应用过程中通过改善生态环境、推动农业绿色发展，为生态振兴打下基础。智慧农业能够借助卫星搭载高精度感知设备实时监测环境因素的标准化水平，借助智能设备检测农药残留等是否符合绿色产品的质量要求，既确保了整个环境符合生产要求，又保证了人们"舌尖上的安全"。在管理层面，智慧农业能够在充分考虑精细化生产、节水灌溉、废弃物利用等方面的基础上，引导农户进行科学的生产决策规划，促进水土资源高效利用的同时兼顾农业生态保护修复，为乡村生态振兴打好基础、做好铺垫。

第三，是调整农业劳动力年龄结构的需要。随着农村青壮年劳动力外出务工数量的不断增长，农业生产的老龄化程度不断加深。年轻一代对城市生活的向往远超过农村，"70后"不愿种地、"80后"不会种地、"90后"不提种地是目前中国农村的普遍现象。所以，需要将传统农业转型升级，打造成高科技、高附加值的产业，留住村里的学生娃，召回出去的年轻人，吸引返乡青年参与其中。智慧农业将现代化技术、理念应用于传统产业，间接通过学习资源共享为人才振兴带来机遇。

在大数据背景下，智慧农业能够实现远程信息分析和技术异地指导，在提高工作效率的同时缓解乡村自身人才短缺问题。多位一体的智慧农业要求农业生产者向管理者转型，培养一批知识结构搭配合理的高素质农民，为人才振兴提供更广阔的平台。乡村振兴的最终目标是实现农业强、农村美、农民富，而智慧农业通过科学技术、大数据与农业结合指导农民种植养殖，能够改变"靠天吃饭"和散乱无序的低效状态，依托不同区域内的自然禀赋，量身定制专业化、接地气的特色产业，形成"一村一品、一镇一业"模式，带动农民致富。

在我国现阶段，出于农业转型升级的压力，发展智慧农业势在必行。

发展智慧农业，离不开探索、布局和创新。目前，我国几乎全部省份都开展了智慧农业的大胆尝试，并取得了良好效果。涉及的类型既包括传统的大田作物，也包括花卉种植、水产养殖及畜牧养殖等，还有不少知名企业也参与其中，比如碧桂园、华为、阿里巴巴等。

六、智慧农业初探

　　七星农场，位于黑龙江省佳木斯市富锦市，隶属于黑龙江省北大荒集团建三江分公司，以农场南部的七星河得名。2018年，习近平总书记在黑龙江调研时参观考察的"万亩大地号"就位于七星农场。北大荒集团是中国农业先进生产力的代表。近年来，北大荒集团累计投入上亿元资金，着力打造智慧农业先行示范区，其中有一个示范区就落户在七星农场。此外，七星农场还联合碧桂园公司建设了无人化农场项目，这是迄今为止全球首个超万亩的无人化农场试验示范项目。

　　2020年10月初，七星农场迎来了一批尊贵的客人，天南海北的农业专家来到现场观看万亩无人农场操作展示会。金秋十月，金黄的水稻低垂着稻穗，风吹玉米叶沙沙作响，一个个弯弯的豆荚正站在大豆秆上欢快地摇着铃儿，热烈地欢迎着远道而来的客人们。现场会上，数十台无人驾驶农机在农田里"大练兵"，现场演示了包括无人化收割到接运粮食相互协作的秋收全过程，以及无人化水田筑埂、搅浆、插秧、旱直播、飞防、秋翻地、旋地，无人化旱田灭茬、翻、耙、起垄、播种、喷药等20余项农作物生长全过程无人农机作业演示，每一个无人化操作环节都精准有序，平稳顺畅，让人大开眼界。

在水稻田展示区，一台台无人驾驶的收割机在稻田里整装前进。借助卫星导航定位，收割机实现了匀速直线推进、自主掉头，很快就收获了满满一车稻谷。此时，后方无人驾驶的接粮机接收到收割机发出的信号"闻讯"赶来，两车默契协同作业，收割机准确地将稻谷转移到运粮机上，仅90秒就完成了一次卸粮过程，整个无人作业流程衔接紧密，一气呵成。

　　无人化农场的成功运行所依靠的"大脑中枢"是农业物联网与大数据中心和农机管理云平台两个子系统。30台显示器组成的巨幅电子大屏上显示了田间土壤及农业气象等数据信息，工作人员可以远程监控无人化农机设备在不同的田块内进行自

主生产作业的情况。中国工程院院士、华南农业大学教授罗锡文认为，七星农场的无人化农场试验示范项目是目前国内外针对主粮作物规模最大、参加试验示范农机设备最多、作业环节项目最全、无人化技术最先进、农机田间作业无人化程度最高的无人化农场项目，也是全球首个超万亩的无人化农场试验示范项目。这个项目将带动中国现代化大农业加速发展，为中国农业转型升级、实现高质量发展注入强大动力，在我国现代农业科技发展进程中具有里程碑式的重要意义。

除七星农场的无人农场外，碧桂园在广东佛山还建立了另一个无人农场。在这里，无驾驶室的300马力*以上的大型无人谷物联合收获机属于世界首台，无驾驶室的300马力以上无人拖拉机也是国内首创。履带式300马力无人拖拉机配带半悬挂7铧翻转犁进行翻地作业时，直线行进、地头转弯、机具翻转

---

* 1 马力 = 735.5 瓦。

等一系列动作全是自动控制，而且，直线作业误差不超过2.5厘米，对接行的百米误差不超过5厘米。它们均具备远程控制功能，可以通过位置传感器感知机器姿态，对主要作业参数进行实时采集记录，并根据实时作业场景自主判断进行作业姿态调整。同时，无人农机设备还具备视频推流功能和防过载功能，可以全程视频记录作业，能够保证一般作业场景下的长时间工作。

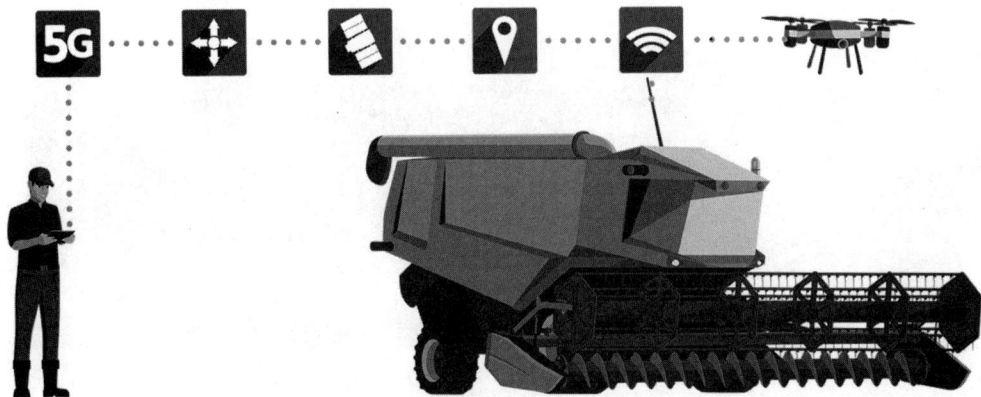

北：黑龙江（一年一季作物）

南：广东（一年多季作物）

这两次现场会地点一南一北，南在广东，一年可种多季作物，北在黑龙江，一年只种一季作物。两次现场会的成功召开，说明智慧农业的建设经验可以向中国其他地区复制、推广和应用。无人化生产作业模式，它的核心是无人化作业、智能装备、农业种植养殖对象和云管控平台要形成一个信息实时联通的实体网络，以保证无人化作业的顺利进行。

七、智慧农业的组成

智慧农业系统中包含物联网、大数据、云计算、人工智能等多方面内容，其中，人工智能、云计算是大脑，负责分析与下达指令；物联网是神经系统，负责环境感知与控制终端设备；自动化农机设备是四肢，负责实地作业。将资本、劳动力、土地、市场、生产工具、信息等组成一个有机的整体，就是智慧农业。

神经系统：
物联网

大脑：大数据、
人工智能、云计算

四肢：自动化装备

骨架：土地、市场、资本、劳动力、信息、生产工具

（一）智慧农业的组成——神经系统

物联网即"万物相连的互联网"，它是在互联网基础上进行延伸和扩展的网络，将各种信息传感设备与网络结合起来形成的一个巨大的网络，实现任何时间、任何地点的人、机、物互

联互通。物联网主要完成信息感知、数据处理、数据回传以及决策支持等功能。

　　农业物联网通过各种仪器仪表实时显示数据信息，再将这些数据信息应用到自动控制当中去。这个物联网可以为农业的精准调控提供科学依据，达到提高产量、改善品质、提高经济效益的目的。一般是将传感器节点构成监控网络，通过各种传感器采集信息，以帮助农民及时发现问题，并且准确定位。这样的农业将逐渐地从以人力为中心、依赖于孤立机械的生产模式转向以信息和软件为中心的联动模式。

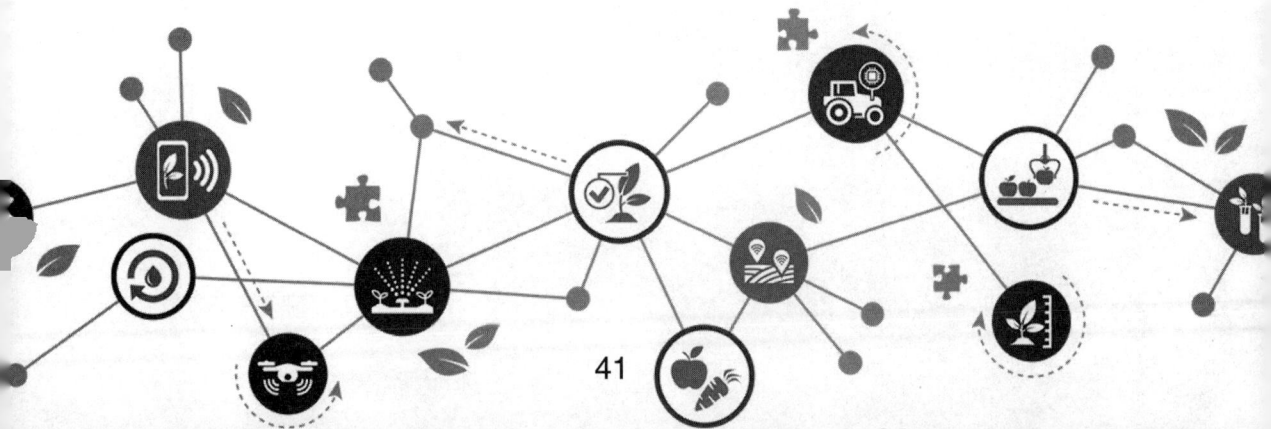

在农业物联网系统中，运用系统的温度传感器、湿度传感器、pH传感器、光照度传感器、CO_2传感器等设备，检测环境中的对应指标，保证农作物有一个良好、适宜的生长环境。农业物联网的远程控制功能实现了技术人员在办公室就能对多个大棚的环境进行监测和控制。

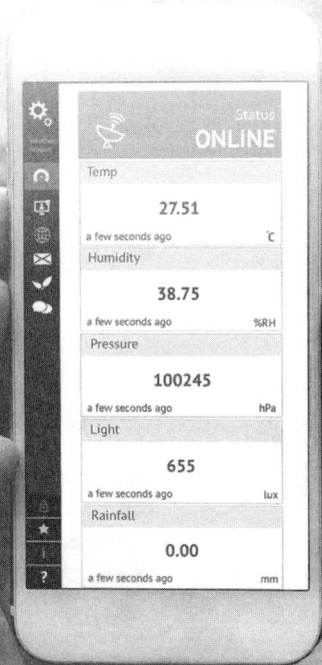

陕西省商洛市镇安县位于秦岭南部，曾是国家贫困县，山地面积广，耕地较少。镇安县气候温湿、土壤呈中性和微酸性，特别适宜种植板栗，而且镇安县历来有种植板栗的传统，是中国十大板栗产区之一。镇安板栗以个大、色艳、味美、富含多种微量元素著称，古时曾被称为"贡栗"，是优质的农产品、全国名特优新农产品，拥有深厚的历史和文化内涵。镇安的板栗种植面积约60万亩，年产量达7 500多吨，是当地农业的第一大产业。但是板栗都长在山上，种植方式粗放，导致板栗的个头小，产量低，经济效益有限。很多村民觉得种板栗还不如外出务工收益高，久而久之，村民种板栗的积极性受到了影响。

　　当地建设了多个板栗智慧农业产业园示范基地，里面内置了物联网系统、产品溯源系统、质量安全追溯系统等多个平台。当地通过开展优质高产栽培技术培训班等方法推广嫁接改良、病虫防治、配方施肥、滴灌、修剪等实用技术，提高了栗农的科技种植水平，使板栗实现了标准化生产。板栗的产量从过去的亩产50斤*提高到100斤，个头也大很多，过去只有指甲盖大，现在特别大的板栗有半个拳头大，加上色泽好、品相佳，每斤可以卖到8~10元，售价是过去的两倍。不少村民，尤其是低收入户都在板栗园打工，园区最忙的三四个月，每人的收入大概有1万多元，从而多角度多方式实现农民增收。

---

*　1斤 = 500克。

镇安县在板栗上继续做文章，深挖潜在经济效益。通过智慧农业平台，镇安县举行了"我在秦岭有棵树"认购活动，挑选了1 000棵树龄在20年以上的板栗树通过平台进行认领。认购人在线花费100元拍得板栗树一年的认领权，并通过手机App和园区的摄像头随时查看板栗成长过程。板栗成熟后，平台保证将10斤以上鲜板栗寄给认购人。镇安县还引进了食品加工企业，保底回收栗农种植的板栗，解决销路问题。利用先进的深加工技术，实现板栗种植、加工、生产、销售为一体的全产业链发展，大幅提升了板栗的附加值。一系列科技手段的应用，让过去在秦岭里自生自灭的板栗树脱胎换骨，结出了"致富果"。目前，板栗已经成为镇安县农村经济发展的主导产业和农民致富的骨干财源，小板栗做出了大文章。

朝来农艺园是京城北面具有乡村田园风光的旅游观光景区，1997年开放运营，主要种植蔬菜、花卉，成为以高科技示范为目的，集智慧农业生产、净菜加工、休闲娱乐、科普教育为一体的北京市一级农业公园。作为国家数字农业创新应用基地项目中的建设基地，朝来农艺园于2021年开始对园区进行智能化改造和全环节智能化升级。4公顷大型联动智能温室、54栋高标准节能日光温室，推动了农业向数字化、精准化、智慧化加快迈进，智能化设备逐渐成为了农业管理的主流，开辟了农业现代化的新路径。

　　走进朝来农艺园，数字农业展示区的大屏幕实时显示着园区蔬菜的品种、规模及温度、湿度等数据，这是朝来农艺园与农业科研单位合作研发的环境控制系统。温室区域配备的"光、温、水、气"数字化智能调控设备及补光灯、湿帘、风机、内外遮阳、高压微雾、循环风机等设备，能够实现对光、温、水、气的智能化控制，从而保证温室内空气分布均匀，以及按需定量精准灌溉，提高了温室内蔬菜的品质及产量。废液回收管道系统，还实现了水肥循环利用。

朝来农艺园内的数字化智能设备随处可见。数字化智能设备投入应用后，比土培种植模式的亩产提高15%，并且实现节省50%的人力投入，园区数字化生产管理水平得到了有效提高。药物灌溉机器人在番茄生产区的轨道上一边前行，一边均匀地喷洒农药；客服机器人在通道"站岗"，为前来参观的游客"答疑解惑"。采摘机器人正在技术员的帮助下"练习"锁定成熟番茄的本领，它将坐标、路径等信息传输至摄像头，由摄像头进行识别后，就能控制机械臂对成熟番茄进行采摘。采摘机器人的机械臂是用柔性材质制成，不会损坏柔软的番茄。

全环节的智能化应用，让朝来农艺园实现了从育苗过程到生产环境，再到病虫害控制等关键环节的综合联动智能调控，为园区生产高品质农产品奠定了良好基础。园区配备了两间冷库设施，外间冷库减慢蔬菜衰老及水分丢失，内间冷库延长蔬菜储藏时间，两间冷库结合，最大程度地延长蔬菜的保鲜时效。园区还安装了蔬菜质量安全区块链溯源系统，提高农残自检能力，实现对农产品生产加工环节的全程监控和质量安全可追溯，提升消费者对农产品的信任度，为百姓提供安全可口的农产品。

（二）智慧农业的组成——大脑

大数据、人工智能、云计算是智慧农业的大脑，其中大数据是原材料、人工智能是计算方法，通过云计算进行资源整合，做出科学、精准的决策。大数据不仅可以调控农业生产，还可以记录分析农业种植养殖过程及农产品流通过程中的动态变化。农业大数据可以分为农业环境与资源大数据、农业生产大数

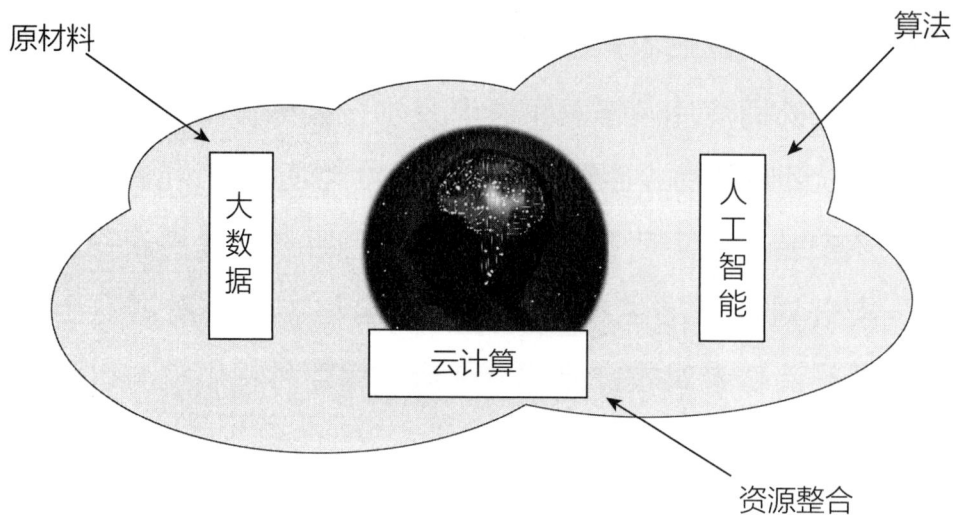

原材料

算法

大数据

云计算

人工智能

资源整合

据、农业市场大数据、农业管理大数据等类型，基本囊括从产到销的全过程。依托农业大数据、人工智能和云计算，为农业生产的整个流程提供服务与信息支持。在产前，可根据农业历史需求进行预测，科学地指导农业生产；在产中，能够进行动态监控，实现病虫害预警，提升生产效率及产品质量；在产后，农业大数据、人工智能、云计算可以提供价格行情信息及市场趋势预测、产品溯源等，助力实现农村商品流通网络化、农民服务信息化。

河南省是中国农业大省，是重要的夏粮产地。河南地处黄河流域，河流纵横，耕地面积居全国第二位，并且多为平原耕地，便于耕种及灌溉，加上温度、降水条件适宜农业生产，所以河南自古以来就是中华农耕文明的起源与繁荣之所。河南省小麦产量占全国小麦总产的四分之一以上。邓州市位于河南省西南部，是全国超级产粮大县、全国粮食生产先进市（县）。小麦是邓州市主要粮食作物之一，种植面积占邓州市耕地总面积的近九成。2022年邓州市智慧农业中心投入使用后，试验区耕地每亩已提高1～1.5个产能等级，年亩均增产200斤以上，合计节本增效500元左右。

这里产出的每一粒粮食，都要经过物联网、互联网、大数据、卫星遥感、云计算，尤其是AI、5G等二十多项国内外先进技术的洗礼。邓州市智慧农业平台分为智慧物联、虫情监测、遥感监测、农业气象、节水灌溉等多个板块，能够整合专家资源提供耕种指导，对农机资源合理指挥调度，围绕种子、粮食、土地、技术集成因素，利用大数据平台进行数据采集、数据处理、监测监管、智慧物联及可视化操作系统等工作。

智慧物联板块能够自动监测土壤环境数据，虫情监测板块能够自动分析害虫种类，遥感监测板块能够为作物管理和田间作业提供重要依据，农业气象板块可实现小范围分区域的气象预报，节水灌溉板块可根据土壤墒情启动水肥一体化灌溉设备进行智能灌溉。智慧农业平台收集到的上述信息，由AI人工智能在最短时间内生成高清图像，然后通过5G基站发送给中心技术人员，在经过科学分析、实地验证后，以短信形式提醒中心区域内的合作社或农业公司，指导他们提前做好应对，减少损失。

邓州市智慧农业中心平台自投入使用以来，累计生成并发送土壤温度、湿度、pH等异常信息约2万余条，指导区域内的农业生产近300次。2021年秋播时期遭遇干旱，平台节水灌溉板块发挥了强大作用，相比纯人工定时灌溉每100亩节约1 860元，用水节约量达35%左右；2022年三夏期间，农业气象板块提前发布干热风即将抵达信息，促使区域内的合作社、农业公司准时收割，增产幅度达5%左右。由此可见，智慧农业通过对农业生产的全过程进行精准管理，在节本、节时、增效方面表现突出。

云南省位于中国西南部，北回归线横贯南部，境内多条大

江大河穿越而过，气候温暖湿润，素有动植物王国之称，云南省鲜花种植面积和产量连年保持全国第1位。近年来，云南省红河哈尼族彝族自治州开远市以高端花卉产业作为实施数字农业的试点，借助大数据、物联网等技术，对生产、经营、管理、服务进行监测、预警、分析、评价、指挥，实时了解花卉产业发展现状，掌握发展需求，打造"数字花卉"产业，为鲜花产业规划和发展提供依据。

在开远市的数字花卉园区内，数字花卉全产业链平台利用数字孪生、云计算等技术，采集气象数据、地理信息数据，连接部署示范基地的物联网系统，结合人工智能、大数据分析等形成精准种植指导方案。在农户手机端的小程序上提供种植指导、气象预警、病虫害预警、农事日历、交易溯源等服务，为花农解决怎么种的问题。以前种花仅凭经验，判断不精准，花卉长势不理想。现在农户可以利用手机查看花棚里的温度、湿度、土壤肥力等，能够更精准地进行浇水、施肥等田间管理，从而种出更高品质的花、卖出更好的价钱。

现在，开远市的数字花卉园区已经基本实现产品质量可追溯，农产品质量安全抽检合格率高达99%。园区内三品一标农产品占比超四成。园区建设了1万平方米高端花卉采后处理中心和冷链物流中心，促成鲜花全程冷链运输；建成北京、成都、无锡、开远"花卉产地直供配送中心"，为花农解决怎么卖的问题。开远市以"智"赋能花卉全产业链，将开启更加广阔的"花卉世界"。下一步，数字农业平台将拓展水稻、水果、蔬菜等农产品，助力农业产业高质量发展。

（三）智慧农业的组成——四肢

自动化农机设备是智慧农业的四肢，负责实地作业。传统的农机作业由农机手来控制行车路线，往往精度难以保证，夜间作业效果更差。目前，中国农业从业者的年龄不断增大，有经验的农机手也在不断流失。中国是一个农业大国，对于农业机械自动化的呼声愈发强烈。无人驾驶农机装备是通过北斗导航技术进行指引，提前将地块信息输入在农机装备内部，农机就能够按照预定路线进行操作。另外，不同农机之间还存在协同作业，这些都是通过传感器来实现的，比如收获机的斗里装满粮食后，就会自主召唤运粮车来卸粮，中间不停机。运粮车装满粮，还会自主地把粮食卸到指定位置。现在，各种无人驾驶的农机种类非常多，比如整地机器、水稻插秧机等。

八、农业机器人

农业机器人是农业机械的最高级形态，在降低农民劳动强度、改善劳动环境和提高作业效率等方面发挥着重要作用。在农业生产中的智能机器人，可由不同程序软件进行控制，能够适应各种作业环境。目前，有检测、估算、决策等多种人工智能支持的农业无人自动操作机械。同工业及其他领域的机器人相比，农业机器人工作环境多变，工作任务具有极大的挑战性。因此，一般而言，农业机器人对智能化程度的要求要远高于其他领域机器人。

九、智慧农业小结

智慧农业能够有效改善农业生态环境，显著提高农业生产经营效率，彻底转变农业生产者、消费者观念和组织体系结构，有力保障农产品质量安全。智慧农业还能

够有力变革农业管理和服务模式，全面提升农业现代化。智慧农业就是我们未来农业的样子，所以，目前我们正在进行的一系列的探索、所克服的困难乃至于所走的弯路等，都会成为我们的经验，积淀我们的阅历，所以，都是非常值得的。

目前，我国智慧农业遇到的问题有如下几个方面：缺乏整体规划，技术短板明显，科技投入和信息化水平不高，复合型高素质人才不足，农业劳动者从事智慧农业意愿不高，智慧农业发展受要素

缺乏整体规划

技术短板

科技投入不够

算法

处于跟跑阶段

农民意愿不高

商业模式匮乏

传感器

信息化水平低

资源影响大，创新性农业商业模式匮乏等。另外，农业传感器、农业模型与核心算法等关键技术和产品受制于人，仍处于"跟跑模仿"阶段。

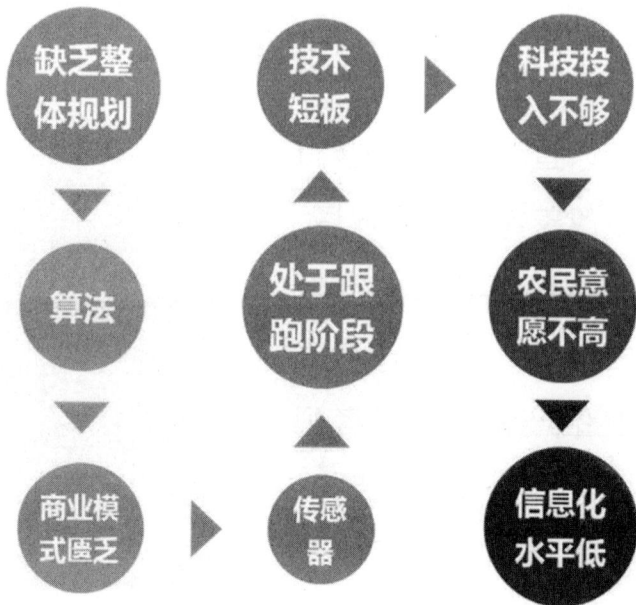

为此，还应该加强顶层规划设计，创造良好发展环境；制定相关配套政策，优化项目支持方向；强化信息基础设施建设，降低智慧农业发展成本；加大科技研发力度，提升信息化应用水平；培养农业信息化专业人才，推进农民职业化经营。这样，才能为智慧农业发展保驾护航。

第二章

智能养殖

一、智能养殖的意义

随着科技不断发展，数字化、智能化越来越多地被应用于传统行业，如农业之中。在这种时代大背景下，畜牧业也加快了拥抱科技发展的步伐，在养殖的多个环节融入科技智慧，促成了智能养殖的发展，使畜牧业更加智能化、数字化、无人化。当前，中国智能养殖发展到何种程度？应该最先从哪些环节开始逐步实现智能化？目前，智能养殖在中国遇到的问题是什么？今后应如何发展智能养殖？

随着百姓生活水平的提高，畜禽产品需求量不断增长。加上小型养殖散户快速退出养殖行业和劳动力资源日益紧缺等多重压力的影响，我国养殖主体格局发生深刻变化，畜牧业正在朝规模化、集约化和标准化方向转型升级。如何在规模化养殖中提高养殖环境质量、减少劳动力投入、提高畜禽生产效率是当前我国畜禽养殖业转型升级面临的一大难题。伴随着非洲猪瘟对养猪行业的持续肆虐，畜禽养殖场比以往更注重生物安全防控，这进一步驱动了智能养殖在行业中的应用。例如，在养猪场中，如何减少猪与猪、物料与猪的接触，提高对猪的精准饲喂和管理水平等。因此，养殖环节的智能化需要依靠智能养殖来解决。

　　近年来，以数字化信息技术为核心的畜禽智能养殖技术不断深入到养殖的各个环节，环境调控系统、自动饲喂和收采机器人等智能化养殖设备逐渐成为畜禽养殖业提高生产效率、解决劳动力短缺和实现健康福利养殖的重要抓手。采用人工智能和物联网技术，实现智能化畜牧业生产是我国畜牧业转型升级的重要助力。并且，智能养殖已经在全产业链中深入人心，养殖企业正在通过不同方式纷纷使用或关注智能养殖。

二、智能养殖环境

养殖环境是影响畜禽健康和生产力的重要因素之一。洁净良好的场舍环境是畜禽生长的基本条件，也是降低畜禽发病、提高畜禽类食品安全、减少养殖场损失、增加收入的基础和重要手段。现代畜禽养殖多为舍饲饲养，科学地调控养殖过程中畜禽场舍的小气候，可以为畜禽提供适宜的生产环境，这不仅关系到畜禽本身的福利健康，更与畜禽产品质量、动物食品安

全和养殖场经济效益息息相关。

现代畜禽养殖基本为舍饲饲养，环境温度适宜时，动物健康水平良好，生产性能和饲料利用率都较高，过高或过低的温度都会引起动物热应激或冷应激，破坏体热平衡，导致畜禽生产力下降或停止，甚至死亡。环境湿度、气流与温度有协同作用，高温时环境湿度每增大10%，相当于环境温度升高1℃。畜禽舍内气流速率及分布都会影响动物机体散热。对畜禽舍热环境的调控，尤其要重点关注畜禽舍建筑外围护结构的保温隔热性能和气密性以及通风系统的设计。

在畜禽舍内，粉尘是病毒、细菌、放线菌等有毒有害成分的主要载体，也是引起动物和工作人员呼吸系统疾病的主要原因。而且，动物的粪尿、饲料等积存发酵产生的气体，容易引发以畜禽呼吸道疾病为主的各类疾病。规模畜禽舍空气质量调控常采用源头减排、过程控制和末端净化三种方式。

不同畜禽对光照的敏感度差异较大，尤其是鸡对光的反应十分敏感，其生殖活动与光照密切相关，因此现代鸡舍普遍采用人工控制光照时长与节律。在蛋鸡和种鸡的生产过程中，已普遍采用通过调节光照时间和光照度来影响和控制鸡的饲料消耗、性成熟、开产日龄、产蛋率、蛋品质等指标。随着近年来对畜禽用LED光源的研究与应用，通过调控LED的光色、光照度与光周期等因子，已经实现了提高营养吸收、促进生长、影响行为和健康、增强免疫力、降低死亡率和疾病发生率等效果，且节能效果显著，每1万只蛋鸡每年可节省电费0.3万元以上。

随着科技的不断发展，以数字化技术为核心的智能养殖技术不断深入到养殖的各个环节。在养殖环境调控方面，将现有的单因素环境调控技术与现代物联网智能化感知、传输和控制技术相结合，并配置了监测与智能化调控系统。系统通过传感器获取畜禽舍内温度、湿度、光照度和有害气体浓度（CO_2、氨气、硫化氢等）等环境参数信息，然后将其传输到系统的控制中心上；主控器根据采集的环境数据经分析汇总后发出对应的操作命令，并下发给各环境参数控制的终端控制器节点，使其调节相应的现场设备，实现养殖场的环境自动调控。

三、智能辨识技术

智能辨识技术能够连续、直接、实时监测或观察动物的状态，使养殖者及时发现和控制与动物健康和福利相关的问题。近年来，畜禽个体辨识技术也得到迅速发展，主要表现为利用

机器视觉、物联网等技术，对动物个体、生理指标和行为活动等进行自动识别，实现智能化饲养管理，为畜禽的养殖管理和健康预警提供技术支撑。

家畜体重和体尺是评价动物生长的重要参数。传统家畜体重、体尺测量主要靠人工操作，工作量大、耗时费力，且存在测量结果不客观、对动物应激大等问题。目前国内外普遍采用计算机视觉技术对畜禽体尺、体重进行测量，利用测算方法，在不影响动物的情况下，通过拍摄和计算评估动物体尺、估算体重，测量结果准确度较高。而体温、心率的测定主要是通过无线物联网、红外测温、视频成像和心电传感等技术来实现。

畜禽声音识别和定位是研究动物行为、反映动物健康状况的重要手段之一。对动物声音信号进行特征辨识和定位，能够提高异常行为辨识的准确率，帮助养殖企业及时掌握畜禽的健康状况，从而减少不必要的损失。现有的声源识别和定位技术主要采用麦克风、拾音器等收录设备将动物的叫声、饮水声和咳嗽声等声音信息实时录制，并建立声音分析数据库，以辨识动物的异常发声，对早期疾病进行预警。

在养猪行业上使用的声音辨识技术，多是侧重于判断猪的健康状况的场景应用，通过机器判断猪咳嗽的频率和声音状态，可以探测猪的身心健康状况，这样的声音识别技术叫"声纹识别"。猪的叫声可以分很多种，平时是"哼哼"，寻觅伴侣是"呼噜呼噜"，身心舒畅时会发出满足享受的"哼唧"。计算机通过采集声音信号提取语音特征，再将猪的咳嗽声与数据库中海量的猪咳嗽声进行比对，从而诊断猪的健康是否存在异常。在欧洲，猪咳嗽声音识别技术已经应用到猪场的实际生产中，能够自动识别不同原因引起的咳嗽，并精准提取呼吸道疾病引起的咳嗽声，有效地减少抗生素的使用。

个体辨识是畜禽精准养殖管理的重要基础，主要包括图像识别和电子耳牌2种技术。图像识别近年来发展较快，例如人脸识别技术等已经得到广泛应用。但对动物的图像识别技术，如猪脸识别等目前尚处于探索阶段。电子耳标技术在母猪饲养上已有较多应用，它轻便小巧、便于动物佩戴，但是省电或具有自供电能力又方便获取信号的新型电子耳标尚有待开发。近年来开发应用较多的是采用手持机进行读写的方式，这种方式能够实现个体的用料、免疫、疾病、死亡、称重、用药、出栏记录等日常信息管理，可追溯性较强。随着射频识别电子耳牌的国产化，耳牌价格大大降低，应用范围也将不断扩大。

四、智能精准饲喂

畜禽饲养技术与装备和畜禽健康及畜产品质量安全直接相关，它不仅决定着畜禽的饲养方式，还直接影响畜禽养殖的环境条件，进而影响生产效率、生产成本和经济效益。欧盟国家自进入21世纪以来，在畜禽饲养技术与装备方面陆续研发了新一代的养殖工艺技术。例如，改母猪定位饲养为群养，并结合母猪个体识别技术、智能化精准饲喂技术等，以及设备的研发与应用，彻底解决了母猪定位饲养的繁殖障碍，使每头母猪年均提供的断奶仔猪数从不到25头提高到30头以上。通过对畜禽饲养技术与装备的转型升级，欧美国家为畜禽养殖产业可持续发展奠定了基础。

智能化精准饲喂已成为畜禽健康营养供给的重要措施，它不仅能够解决人工饲喂劳动强度大、工作效率低等问题，而且还能满足畜禽不同生长阶段的营养需求，提高畜禽健康水平和生产效率。基于信息感知，具有物联网特征的畜禽智能饲喂系统能够实现畜禽精细化、定时定量、均衡营养饲喂，提高饲喂效率和饲料利用率。饲喂系统会结合猪场内智能摄像头测出的猪只数量、重

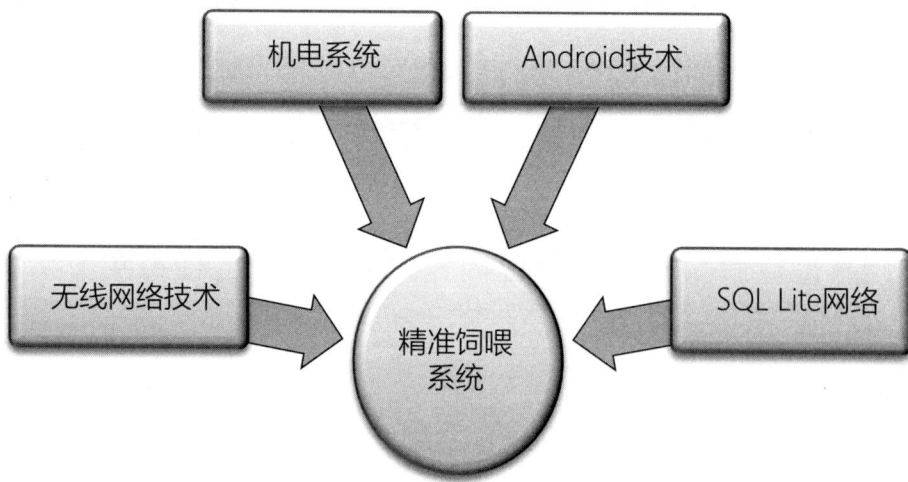

量，计算出每头猪每天的日增重、采食量和料肉比等生产参数。饲喂系统会根据每个料槽的余料传感器及时调控饲料。母猪群养电子饲喂站的基本原理就是通过电子耳牌识别猪只个体，精准下料，实时记录下料时间和下料量等，并在此基础上增加体重模块，从而计算待测种猪或育肥猪的日增重或料肉比情况。

五、智能自动清粪

自动化清粪主要是利用动物行为、机械设备和自动控制等技术，优化设计清粪的工艺方式，改水泡粪工艺为机械刮板清粪、传送带清粪或清粪机器人等自动化清粪技术及装备，克服传统人工清粪工作效率低、劳动强度大、工作环境恶劣等问题，实现了畜禽养殖粪便的舍内高效清除和场内自动转运，改善了畜禽舍环境状况，推动了清洁养殖工艺流程。通过物联网系统，可以实时监控粪肥处理系统各环节设备的运行状态、运行时间、故障率、耗电量等信息，达到降低维修及运行成本的目的。粪污处理与利用体系，在集粪池、固液分离系统、固体及液体有机肥制作环节增设了智能监控设备，达到了猪场环保环节的智能管控。

六、智能养殖产品自动回收

畜禽产品的自动收集，如挤奶、集蛋等是现代畜牧业的重要标志之一。机械自动收集不仅能降低劳动强度、节约劳动力成本，还能够大幅提高生产效率。基于智能控制系统及配套装置设计研发的自动化挤奶机器人、捡蛋机器人、自动集蛋系统等畜禽产品自动或半自动收集装置现已广泛应用于国外规模养殖场，极大地提高了生产效率和产品质量。

七、中国养猪业现状

大

——幅员大：

中国陆地南北3 300多公里，东西5 200多公里，均有养猪业分布

——环境差别大：

涉及热带、亚热带、暖温带、温带和寒温带等多种气候类型

——经济水平差别大：

沿海经济发达、中部次之、西部欠发达

低

——生产水平低：

中国每头母猪年提供上市肉猪约18头，而发达国家每头母猪年提供上市肉猪约30头

——可持续性低：

中国养猪业面临土地、环保等问题

多

——养得多：

2020年，中国生猪存栏量高达4.07亿头

——吃得多：

中国居民猪肉消费量占肉食消费总量的60%以上

快

——规模上得快：

年出栏100万头以上的大型养殖企业较多，包括广东温氏集团、雏鹰农牧、河南牧原、正大集团、中粮集团等

——新技术上得快：

中国养猪场正迅速接受自动送料系统、环境控制及污水处理技术等国外先进技术

自2018年非洲猪瘟暴发以来，我国生猪存栏量大幅减少，但在国家稳定生猪生产、保障市场供应等一系列政策措施作用下，2020年我国生猪存栏量达到4.07亿头，出栏量达到5.27亿头，生产逐步回升。根据原农业部印发的《全国生猪生产发展规划（2016—2020年）》，到"十三五"末即2020年底，我国生猪规模以上屠宰企业屠宰量占全国的70%左右。传统猪场往往面临着病原压力、工人短缺、管理及防疫困难等多种问题。当今，互联网与人工智能正在以几何级的速度发展，所以，建设规模化、现代化的猪场在技术上已经突破难关，成为了必然趋势。

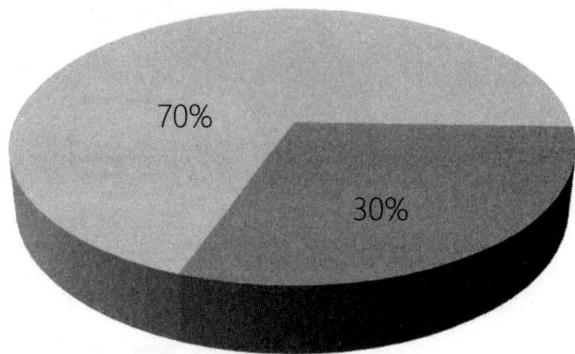

70%

30%

■规模以上企业　■小规模企业

中国生猪屠宰企业情况

八、智能化养猪

智慧猪场是运用机器人、AI、物联网等技术，帮助猪场实现减少人力投入，提高管理效率，降低生物安全风险等，并逐步

从有人猪场向无人猪场方向转变。智能猪场能够减少人为干涉，有效减少猪只应激。平台设备全程智能控制，既能够降低管控风险，又有助于场区防疫。平台设备以大数据为基础，不断地对养殖技术进行改进，用于优化流程并提高生产效率。平台设备能够集中监控各个栋舍的参数，并进行远程调控，从而降低运营成本。对于监测出的异常状态，可同时实现本地和远程报警，并进行记录，避免不必要的经济损失。平台还能够自动采集设备的运转数据，并有计划地进行保养，降低设备维护成本。而且，平台拥有设备商端口，设备商也可远程监控设备的运转状况，提供维保意见或服务。

智能猪场的智能管理平台通过物料管理系统，可以实时监测料塔内饲料重量，当出现饲料不足时，物料管理系统会及时反馈给智能管理平台，并建立猪场和供应商之间的自动通讯，直接下发订单并告知管理者，以提高物料的采购效率。

智能猪场的环境控制系统AI摄像头悬挂于猪舍上方，可以对猪的躺卧、活动等行为进行识别。通过猪的行为直接对猪的体感温度等进行判断，然后通过控制风机、水帘、通风窗、加热器、地暖设备等调控猪舍环境，其目的是为猪提供

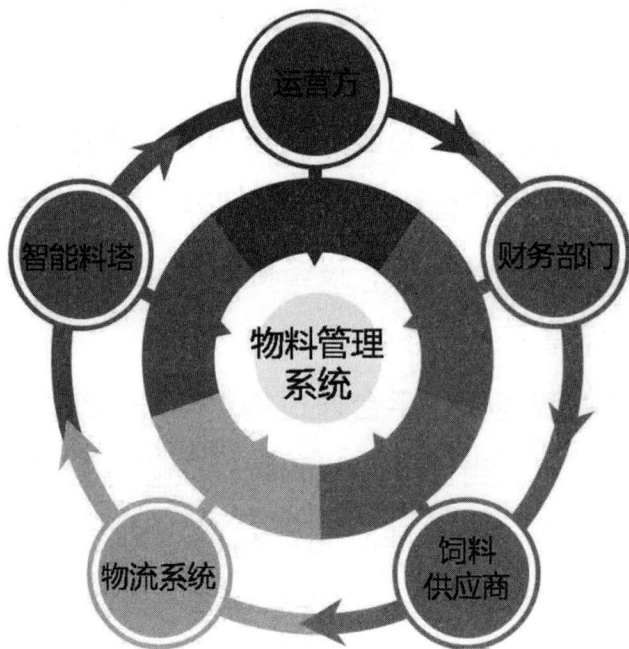

舒适的生长环境，让猪吃得多、长得快，并健康愉快地度过一生。

智能猪场的动物管理系统会自动收集并分析智能摄像头监测到的猪只体温、采食量、饮水量等数据，提高判断猪只是否生病的效率和准确率。在判断出猪只疾病情况后，动物管理系统还会自动给出电子处方。AI摄像头能自动识别母猪背膘，再综合分析母猪的采食量、运动量等信息，达到提高断奶仔猪头数的目标。

智能猪场的饲喂管理系统能够为各阶段猪只提供智能饲喂方案。为母猪提供的精准饲喂方案，不仅能够使母猪处于较好的状态、提高产奶量，还能降低仔猪患病几率，让仔猪长得更好更壮。为保育猪和育肥猪提供的饲喂方案，既能保证保育猪的清洁饲喂，又能让育肥猪健康生长，同时将这些数据系统地纳入物联网管控范围内，进行统一管理。

智能猪场的场区防疫系统通过生物安全智能管控设备，能够对车辆洗消过程和运行轨迹进行智能管控，并详细记录相关信息，提供敏感点设置方案。同时能够支持管理人员对行车路线进行预设，如果车辆存在异常行为，则会引发报警。

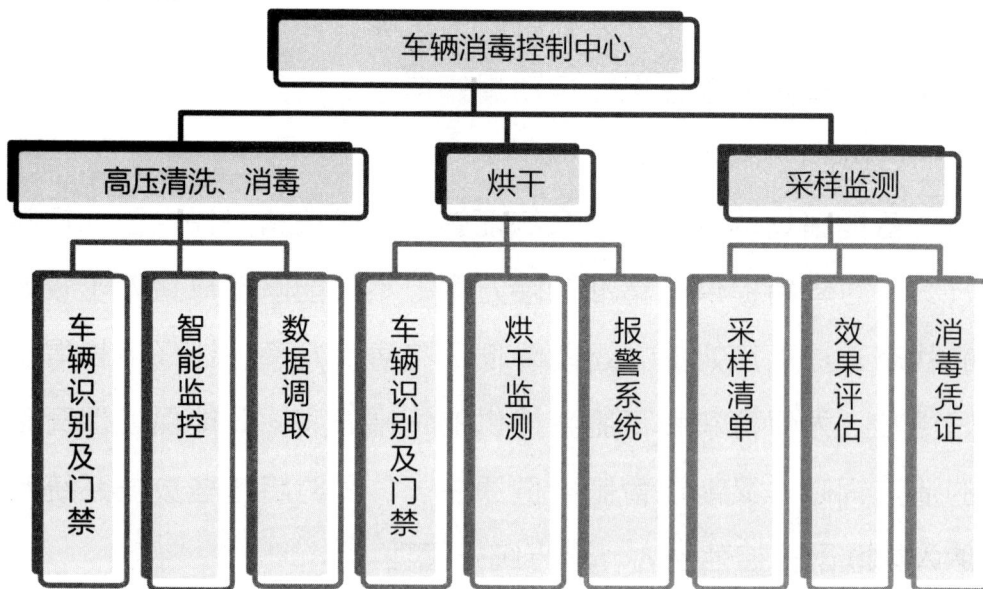

粪污管理还田系统在人和猪的粪便经过沼气发酵后，通过测定沼液和农田土壤氮磷钾等养分含量，自动判断沼液营养和作物对营养需求之间的差异。然后通过智能水肥机将水和沼液进行自动配比，并通过管路输送至农田。在这一过程中，确保了畜牧业和农业形成种养结合的生态循环产业链，最大程度减少环境污染。

在粪污管理还田系统中，污水发酵膜、粪便堆肥翻堆设备、液态肥撒施车和固态肥抛撒车等，都是种养结合生态循环的重要组成部分。

智能猪场的机械自动养殖设备中的改良式母猪限位分娩栏采用母猪铸铁、仔猪塑料或钢塑漏缝等材料地板，并增加了栏的宽度。这种分娩栏内部保留了传统结构以保护仔猪免受意外伤害，另外，它增加了母猪的活动空间，同时也使饲养员能够根据需要对母猪进行单个管理和控制。在改良式母猪限位分娩栏中，每头母猪的平均活动面积为2～5平方米。

　　猪用干湿料槽是一种集自动料槽和饮水功能为一体的新型养殖设备，无论是粉料还是颗粒料，干湿料槽都能下料。干湿料槽通过设计巧妙的阀门，实现了均匀出料，并配备自动调节功能。另外，干湿料槽还附加了饮水设备，让猪只不必在食料和饮水之间来回跑动，利于饲料的消化吸收。

　　猪场常用的两种送料系统分别是索盘式送料系统和弹簧螺旋式送料系统，这两种送料系统各有特点。索盘式送料系统更适用于长距离的饲料输送：运输管路由饲料塔送出，最终又回到饲料塔，形成闭合的运送回路。而弹簧螺旋送料系统更适用于短距离的饲料输送：运输管路由饲料塔送出，沿管道单向输送至系统的末端，沿途经过下料口时，输送机构会自动下料。

　　弹簧螺旋式送料系统直接将饲料从饲料塔输送到猪只的食箱中，用于代替人工操作，以减轻劳动强度，并提高生产率。

弹簧螺旋式送料系统主要由料塔、计量装置、横向输送装置、起吊装置、纵向输料装置和电器控制组成，具有运转平衡、噪声小、主要工作部件寿命长等优势。但目前，弹簧螺旋式送料系统只能用于平养。

索盘式送料系统适用于长距离循环输送，动力更强，输送效率也更高。索盘式送料系统安装的不锈钢链盘，具有经久耐用的特点，而且设计合理，安装简便，输送顺畅，饲料的损失较小。它的驱动器配有调节装置，可以自动校正链盘的张紧度，而且，驱动轮直接与电机连接，减少皮带传动带来的损耗与湍动。索盘式送料系统管路的末端还设有长度调节装置，能够有效消除因拉伸导致的链盘长度变化。

随着移动互联网技术的普及和云技术的兴起，传统的人力劳动型养殖行业发生了根本性改变。数据本地采集、上传云服务器、异地查看并管理的新饲养模式成为当前养殖产业的发展方向。在数据互联时代，养猪设备将全部由单片机控制，并与上位计算机相连接，在接入互联网后，即可实现远程猪场管理与数据统计分析。互联网＋智能养猪成为未来猪场的模样。

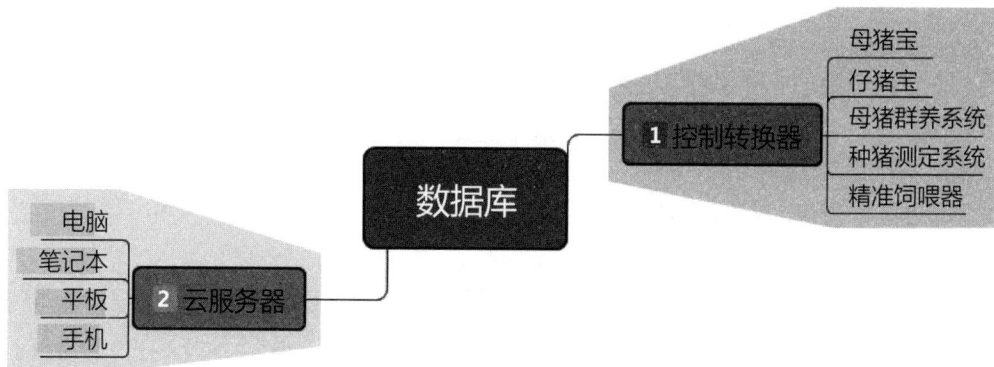

		母猪宝
		仔猪宝
1 控制转换器		母猪群养系统
		种猪测定系统
		精准饲喂器

数据库

电脑		
笔记本	**2** 云服务器	
平板		
手机		

　　智能型种猪测定系统能够找出具有出色生产性能的种猪，用于进行遗传选育和生产。它的应用范围十分广泛，包括种猪场、研究实验室、饲料生产企业及科研单位等，它的工作流程包括种猪进入、识别身份、种猪称重、定量投料、数据储存、数据分析、结果输出等环节。系统由多个测定站组成，各测定站之间通过电缆连接，最后与电脑相连。智能型种猪测定设备是一个自动饲喂及测定设备，用来持续测定种猪群体饲养环境

下个体的生长数据，包括不锈钢食槽、螺旋推进下料器、饲料称重传感器、体重传感器等。

在智能型种猪测定系统的后台，电脑端能连续记录群体饲养条件下每头猪只的自由采食量等信息。其中，种猪的体重增长曲线能够反映个体种猪在测定阶段的体重增长趋势，饲料消耗图能够反映每天的采食情况，料肉比对图能够反映个体种猪与测定站及整个测定场的实验阶段料肉比，并以此为依据筛选具有出色性能的种猪。

智能型母猪群养管理系统设置了大栏群养，是更贴近自然的饲养方式。系统的个体识别技术使系统实现了全面数字化和自动精确饲喂，能够获得最佳的饲料报酬率并节省饲料，使饲养的母猪更健康、仔猪更健壮。智能型母猪群养管理系统的工作流程包括录入母猪信息、分配饲喂曲线、母猪进入、识别身份、定量投料、数据储存、返回饲喂结果等环节。

智能型母猪群养管理系统配有带传感器的进门机构，平时进门装置处于打开状态，可以任由怀孕母猪拱进饲喂站采食。当饲喂站内已有母猪正在采食时，进门装置自动关闭，防止采食母猪被打扰。当采食母猪当天采食量已吃完或者没有读取到该母猪的电子耳标时，进门装置会自动解锁。系统还配有带双层防护的出门装置，而且，出门通道采用双层单向门，防止母猪从出门通道反向进入饲喂站。

智能型母猪群养管理系统在分配饲喂曲线时，可以根据每头母猪的不同身体状况，为其分配独立的饲喂曲线，并会按配种天数自动增加每天的饲料投放量；也可以根据前一天的饲料剩余，在系统中设置饲料补偿或根据母猪体况进行饲料量增减。系统能够在日志中对某头或者某栏怀孕母猪设置配种、分娩等日期提示，在日期快要来临时会自动在软件中报警，以减轻饲养员的记录工作。系统还能够查询母猪的入群、配种、流产及断奶情况等。

　　智能肉猪分栏饲喂料系统是可以设定的分栏系统，最终达到育肥猪精准定量饲喂，以减少饲料浪费、提高肉料比的功能。智能肉猪分栏饲喂料系统根据猪只的体重，迅速对肉猪进行分栏处理，并设置了智能通道设备，包括出门装置和进门装置两部分。工作流程包括设定分离体重标准、猪只进入、称重、按体重选择开启出口、肉猪分栏等环节。

九、智能化养牛

　　随着智慧农业的不断发展及信息技术不断向养殖业渗透，牛的养殖，早已不像以前随意放牛吃草那样粗放了，养牛业变得更加现代化、智能化，并且牛的幸福感也大幅提升。智能养牛针对养殖、饲料、疾病等进行精细化管理，依托互联网、云计算、大数据等现代技术，将牧场的硬件设备、软件信息方面实施集成与联动，开启动态化管理模式，通过采集、生产、管理牛只体征等关键数据，进行精准决策，使养牛业迈入智慧养殖新时代。

　　智能养牛监控系统能够弥补养殖管理不到位、养殖各环节把控不精准等问题。通过云平台，联动传感器、无线采集终端感知设备等用于收集养牛场环境、能耗、人员操作等信息的硬件设备，与软件信息进行联动，建立统一管理监测方案。构成

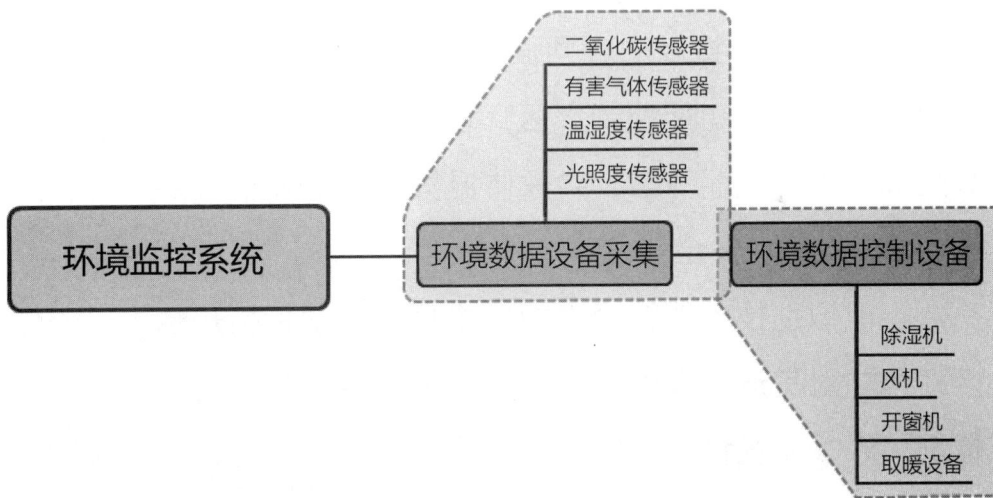

智能养牛监控系统的组成部分包括空气温湿度、氨气、空气质量、CO_2、水质pH、水质余氯等传感器，及智能水电表和控制柜，将养牛场的环境情况变成数字化信息。

智能牛场的管理系统是基于物联网技术研发的，具有监控、环境监测、数据分析、远程调控、自动报警等多方面功能。根据养牛场的实际布局、养殖面积、位置及各类感知设备安装点，在云平台上直观监控养殖场布局，对传感器等设备采集的数据，其环境参数分析将以动态画面、曲线、表格呈现在云平台上，并利用远程调控功能控制厂区环境、供水、能耗等，当环境参数超标、水电消耗异常、牛只体温异常等突发情况发生时，系统会报警以确保安全养殖。

智能识别技术能够通过扫描牛身上电子耳标知晓牛只的生活环境并对其进行准确记录，同时还能够实时检测牛只的体温情况、呼吸情况和综合运动能力，相关数据会通过无线传输模

式上传至智能管理云平台，平台会将数据与数据库进行比较，
对牛只的健康状况进行综合判断，给出决策。这种按年龄进行
科学的饲料配比，并精准分类喂养的方式，能够确保牛只按照

计划时间出栏。

在传统养殖方式下，养殖人员是通过肉眼观察来判断牛只是否发情，不仅耗时耗力，而且，无法做到准确及时。并且，奶牛通常在晚上发情，养殖人员需要轮流值班观察牛只，避免漏掉母牛的发情期。牛佩戴的智能项圈能够实现对母牛发情期的精准监测。养殖人员用手机就可以随时查看牛只的生理周期、爬跨行为等数据，进而获知牛只的发情期。感应器在探测到牛发情后，将通过预设程序通知养殖人员，及时、准确地抓住时机对牛进行配种，从而提高繁殖效率和奶牛产奶率。

　　自动挤奶系统结合奶牛智能项圈协同工作，智能项圈上的传感器除了能够检测牛只是否发情，也能够判断当下牛只的身体状况是否适合挤奶。如反馈结果为挤奶的好时机，挤奶机器人便会通过传感器精准探知乳头位置并完成挤奶。

十、智能养殖小结

当前，我国畜禽养殖规模化程度不断提高，但养殖主体仍是中小规模的养殖户，总体机械化水平不高，而且，行业中的

智能养殖技术与装备尚处于起步阶段。在畜禽养殖的环境调控、精准饲喂、清洁型自动清粪、畜禽健康识别与预警等信息化智能养殖技术等方面与发达国家仍存在较大差距。畜禽养殖环境与设施装备技术对产业支撑不足是影响畜牧业可持续、智能化发展的关键问题。目前，中国在畜牧业可持续、智能化方向仍然缺乏专业的畜禽智能养殖创新团队，导致智能养殖装备技术落后。另外，畜禽智能养殖标准化的体系尚处在缺乏状态，而且，畜牧环境调控与智能化养殖装备的科技成果转化滞后，影响了行业的发展。

为此，还应大力加强畜禽智能养殖技术攻关，特别是在畜禽环境智能调控、健康状态智能辨识、饲养过程智能技术装备研发等方面要加大力度，降低生产成本，缩小与国外的差距。其次，要完善畜禽智能养殖标准化体系，根据标准化体系监控管理畜禽生产过程中的养殖环境及动物生理和行为福利，确保动物健康和高效生产，推进人工智能技术与畜禽养殖高度融合。此外，还应该加快促进科技成果转化，使新技术、新方法、新设备从理论走向实践、从实验研究走向试验示范，为应用于实际生产打好坚实的基础。

参考文献

李伟越，艾建安，杜完锁，2019. 智慧农业［M］. 北京：中国农业科学技术出版社.

农业农村部信息中心, 2022. 2022全国智慧农业典型案例汇编［M］. 北京：中国农业科学技术出版社.

熊本海，王旭，郑姗姗，2017. 畜禽养殖智能装备与精准饲喂专利技术研究［M］. 北京：中国农业科学技术出版社.

杨丹，2020. 智慧农业实践［M］. 北京：人民邮电出版社.

赵涛，赵良虎，2023. 智能养殖［M］. 北京：中国农业大学出版社.